环球探险记

冲顶珠峰

日知图书◎编著

北方妇女儿童出版社
·长春·

幸福一家人

故事要从两年前说起。那时的汤姆和安经常带着孩子们翻山越岭，接受来自大自然的挑战。

我要成为世界上最年轻的珠峰登顶者之一！

姐姐，我能和你一起去找雪人吗？

这对登山家夫妇一直将登顶珠穆朗玛峰视为终极梦想，他们的热情感染了女儿米娅，也点燃了儿子杰克对神秘雪人的无尽好奇。那一年，他们一家终于向珠峰发起了挑战。

不

勇敢的孩子们比以往任何时候都要努力，一天天向着成为真正的登山探险家成长。伴着三轮车的颠簸，他们和爸爸又一次来到前往珠峰南坡的第一站——尼泊尔的首都，加德满都。新的探险故事，就从这儿开始……

珠穆朗玛峰是喜马拉雅山脉的主峰，位于中国和尼泊尔的交界处，海拔8848.86米（2020年数据），是世界第一高峰。登顶珠峰的北坡与南坡路线分别位于中国和尼泊尔境内，两条路线都具有非常高的攀登难度。

又是这辆三轮车，又是这种天旋地转的感觉。

不行，我要吐了……

请在挑战高山前充分理解这项运动的风险，不要拿自己的生命开玩笑。请理性评估自身状态，在专业团队的指导下攀登！

坚持住，孩子们！

我们就快到了，登山向导就在前面等我们呢！

然而，一场雪崩突袭珠峰南坡大本营。为了保护家人，安毫不犹豫地冲了出去，因而身受重伤。

这场意外几乎毁掉了安的运动生涯与登山梦，但米娅和杰克从未放弃他们和妈妈共同的梦想。

顶峰指南

· 不畏向上 ·

高山上的神秘雪人，是故弄玄虚还是确有其"人"？

在尼泊尔的传说中，雪人也被称为"夜帝"，它们住在喜马拉雅山上，像幽灵一样时隐时现。1951年，英国登山者拍下一串又宽又长的脚印，怀疑那是高原雪人留下的。

为保障珠峰登山者的安全，中国和尼泊尔分别对境内的登山活动进行管理。中国的登山管理部门会对登山者的资质和能力进行严格要求。

跟向导约定碰头的杜巴广场到啦！

孩子们，抓紧时间，跟我走这边。

杰克！没人听得懂你在说什么。

我的骨头好像散架了。

×&%￥#@（杰克自创的雪人语）……

抱歉！让一让！

"蓝色的衣服……向导说他今天穿的是蓝色的衣服……"汤姆一边碎碎念，一边打量着来往的人们。突然，街道上一阵骚乱，一头牦牛竟然朝他们冲了过来！

哞 哞 哞

快跑呀！

杜巴广场曾是尼泊尔王室宫殿的所在地，广场上有50多座尼泊尔16～19世纪的宗教及宫殿建筑。

被牦牛追了好几条街，汤姆一家已经累得气喘吁吁。牦牛主人总算追上了他们，在他的安抚下，焦躁的牦牛慢慢冷静下来。

等等，蓝色衣服！原来牦牛主人就是他们要找的夏尔巴人向导——普巴！

泰米尔街区是加德满都最繁华的地方之一，街道两旁是琳琅满目的服饰、工艺品和美食。当然，这儿也有很多售卖登山装备的商铺。

登山绳

氧气瓶

睡袋

登山服

登山鞋

走过路过别错过！

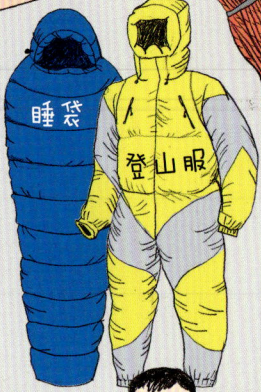

冰爪

登山手套

真抱歉，我的小牦牛平时不这样。

不过，这就是"缘"吧！我们现在正好停在了泰米尔街，我本来就打算带你们来这儿选购登山装备。

雪镜   **便携炊具**

本店有尼泊尔质量超好的登山装备！

生活在喜马拉雅地区的夏尔巴人，具备专业的登山知识、丰富的登山经验和良好的体质，是全世界无氧登珠峰成功人数最多的民族。如今，几乎每一支珠峰登山队中都会有夏尔巴人作为向导。

你可一点儿也不小。

登山杖

冰镐

太巧了，那我们马上出发吧！

帐篷

在普巴的推荐下，汤姆购买的装备塞满了他和孩子的背包。充足的物资，可靠的向导，米娅和杰克觉得自己马上就能登顶珠峰，和雪人来个亲密会面！另一边，普巴恋恋不舍地告别他的牦牛，和大家一起登上了前往卢卡拉机场的飞机。

在雪山的一路陪伴下，他们终于抵达卢卡拉机场。这是距离珠峰南坡大本营最近的民用机场，因为跑道铺设在悬崖边，且周边气象条件复杂，所以这里被称作"世界上最危险的机场"！

准备好了吗？孩子们，我们又要去世界上最危险的机场了！

这次我们能在飞机上看到珠穆朗玛峰吗？

我很快就会回来，别担心！

嗯……我觉得我看到也认不出来……

啊——为什么飞机还没停下来，前面可是悬崖！

淡定，杰克。

在危机四伏的高耸雪山间，为什么会有一座现代化的机场呢？这要从最早登顶珠峰的埃蒙德·希拉里讲起。

希拉里是一名来自新西兰的登山运动员。1951年，他加入了英国的珠穆朗玛峰登山队。

1953年，他作为登山队的突击队员，与夏尔巴人向导丹增·诺尔盖一起向珠峰发起了挑战。

他们历经万难，终于在5月29日成功站上珠峰之巅，停留15分钟后安全撤离。后来，为表彰他对国际登山运动做出的贡献，英国女王授予他"爵士"称号。

1964年，为了方便登山者前往珠穆朗玛峰，也为了改善当地人的生活，希拉里在崇山峻岭间兴建了卢卡拉机场。

5

峰顶

汤姆一家的攀登路线

从机场出来后，他们就要徒步向着珠峰前进了！眼前的景象让米娅和杰克又一次体会到世界第一高峰带给人的巨大震撼。

在珠穆朗玛峰地区生活着许多珍稀鸟类，其中高山兀（wù）鹫是世界上飞得最高的鸟类之一，最高飞行高度可达9000米以上。它们视觉敏锐，常在高空盘旋，寻找动物尸体或残骸。

珠峰的风季干燥且风大，而雨季的降雨容易造成雪崩。5月正好是珠峰地区风季和雨季过渡的时候，气候相对平和，所以登山队大多选择这段时间登顶。

黄嘴山鸦主要栖息于较高海拔，常成群随热气流翱翔。

4号营地

2号营地

3号营地

当攀登路线距离长、强度大时，需设置攀登营地，以保障物资的充足以及人体对环境的适应。通常，营地之间的高差不超过1000米。

南坡大本营

1号营地

孩子们，快看！

这就是高山的力量！喜马拉雅山脉有10座海拔8000米以上的高峰，

每一座都耸入云霄，让人敬畏！

杰克，你被吓得一句话都说不出来了吗？

高山兀鹫多么强壮、多么自由，它们可不会因为山峰太高而收起翅膀。

"我……我才不害怕呢！
我只是脸冻得有点儿麻了。"
过了好一会儿，杰克才开口说话。
他用力拍拍脸，
收回仰望峰顶的视线，
这才注意到眼前这片生机勃勃的森林！

钟花杜鹃生长在珠峰南坡3600米以上的灌丛中。

喜马拉雅透目大蚕蛾非常罕见，它们通常只在初冬出现。

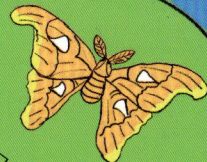

高耸宽阔的喜马拉雅山脉拦截了来自印度洋的暖湿气流，给珠峰南坡带来了丰沛的降雨，使南坡沟谷底部形成了典型的湿润森林，成为许多高原生物的庇护所。

牦牛体形粗壮紧凑，耐寒且嗅觉灵敏。它们血液中的血红蛋白含量很高，使它们能适应高原稀薄的氧气。因此，不论是在这片高原上生活，或是进行登山、科学考察等活动，人们都依赖着被称作"高原之舟"的牦牛来驮运物资。

灰林鸮（xiāo）以静立观察的方式觅食。

随着海拔升高，珠峰气温逐渐降低，风力也变得更强。为了适应气候的变化，海拔越高，植物就越低矮、稀疏且耐寒，产生了显著的植被垂直分布现象。

期待吧！从机场徒步到南坡大本营的这一周里，你们会遇到很多可爱的生灵！

一想到要徒步整整一周，我就已经有点儿累了。

棕尾虹雉有着色彩艳丽的羽毛，是尼泊尔的国鸟。

幸好有牦牛帮我们驮行李！和刚才的"小家伙"比起来，它们可真强壮。

大黄冠啄木鸟醒目，常常群聚在一起。

冰川雪被

裸地

草地

灌木丛

森林

农田

7

从海拔两千米徒步到海拔五千米，汤姆和孩子们感到越来越痛苦。除了普巴，他们都出现了高原反应。

由于高海拔地区氧气浓度下降，气温降低等原因，人们容易出现呼吸困难、头痛、恶心等症状，这种现象被称为"高原反应"。

为何乘坐飞机时不会出现高原反应？这是因为飞机的机舱处于密闭的加压环境，不仅气压接近地面，还有氧气持续供给，所以飞机上的乘客不会因为缺氧而感到不适。

真没想到已经锻炼了这么长时间，还是会有高原反应……

大佳安了！

继续……前进……

我感觉有101个雪人在疯狂地敲我的脑袋！

说不定它正躲在哪里偷看我们呢！

要是雪人真的出现，我倒不介意被它敲。

那我们就不用苦苦寻找它啦！

远离高原反应
你得这样做
——顶峰指南

爬山时应尽量放慢速度，给身体足够的适应时间。

注意保暖，多休息。

随身携带抗高原反应的药物。

多喝水，适当增加碳水化合物和蛋白质的摄入。

携带氧气瓶，在感到不适时吸氧。

探险小队终于到达了南坡大本营！在这里，他们遇到了很多来自不同国家的攀登者，不过现在他们可没有时间交朋友。在天气变得更加糟糕以前，他们要抓紧时间搭好帐篷才行。

在高山上搭建帐篷可是个技术活儿！

有的登山者会选择用直升机把物资运到南坡大本营。

首先，寻找一块平坦的空地，清理掉可能弄破帐篷的石子儿或冰块。这一步很重要，晚上睡觉时你就明白为什么了。

在风很大的情况下，铺好加厚防潮垫后就可以固定地钉了。

孩子们，这才刚刚开始！顶住风，你们可以的。

接着搬几块大石头准备固定防风绳，这一步很考验体力和耐心。

再这么吹下去，我要飞走了。

南坡大本营建立在昆布冰川之上，是登山路线中功能最全、规模最大的营地，是登山活动的指挥部和后勤保障总站。

将帐篷撑开，沿帐杆的方向固定防风绳。

确认各部分安装牢固后，在帐篷里铺上垫子，准备好睡袋，帐篷就搭好了！

先搭好帐篷，再开始你的飞行表演！

哎哟！

不过，就在这时，一个不速之客偷偷溜进了帐篷……

收拾好帐篷，汤姆一家总算能在这设完没了的寒风中好好休息一晚了。第二天天刚亮，一阵窸窸窣窣的声音打破了宁静……

别害怕，我把它赶出去！

咔。有老鼠！

"老鼠"小小的眼睛里闪出一丝警觉的神情，它突然乱窜起来，吓得杰克摔了个大跟头。

仔细一看，它好像长得比老鼠可爱些。

你们误会它了，这明明是可爱的大耳鼠兔。快让它回家吧！

大耳鼠兔长得像老鼠，实际却和兔子一样同属兔形目。它们主要栖息于高原山地，喜欢在自己的洞穴里储存粮食。

经过一番折腾，普巴终于把误入帐篷的"不速之客"放了出去。米娅和杰克这才注意到肚子里传出来的咕咕声，打开帐篷一看，原来一早上都没出现的爸爸已经在准备早餐了！

青稞耐寒耐旱，富含维生素，可在高海拔地区种植。

牛粪作为燃料拥有悠久的历史，直到现在，很多牧民还会收集牛粪，晾干后用于生火。

这还是我第一次吃"牛粪味儿"的早餐。

来尝尝美味的青稞饼吧！

米娅！再帮我拣点儿牛粪过来生火。

高海拔地区气压低，水的沸点下降，食物不容易煮熟。而高压锅可以通过增加内部压力，提高水的沸点，加速烹饪过程。

注意在户外缺乏水源时不要直接吃雪，要将积雪融化或煮沸后再饮用，否则登山者的体温会迅速下降，严重时可能威胁生命。

经过一天的适应和休整，夜幕悄悄降临了。只要明天天气晴朗，探险小队就能告别南坡大本营，向着更高的营地进发了。然而，帐篷外的暗影预示着，这注定是个不眠夜。

在珠峰上滑雪去！

美味的雪山沙冰……

雪人，你看我跳得怎么样？

唯受得睡不着！

帐篷里，杰克因为高原反应而头痛欲裂。只见他悄悄溜出帐篷，拉了几块牛粪，这是要干什么呢？

"怪物，救命啊！"米娅和汤姆从睡梦中惊醒，齐声喊道。

杰克，你真是个调皮鬼！不过谢谢你生了火，现在我们终于暖和起来了。

原来杰克在帐篷外支了一个小火堆，火光忽明忽暗，把他的影子拉得很长……

"哪儿有什么怪物？是超级火焰使者正在驱散寒冷，战胜黑暗！"杰克一边打着哈欠，一边怪声怪气地说着。

这场小插曲把所有人从美梦中搜了出来，这下没人睡得着了！幸运的是，风吹开了云雾。

一抹亮光渐渐唤醒山头，为珠峰带来一丝暖意。

蔚蓝的天空将雪山映衬得更加神圣与梦幻，让探险小队心潮澎湃。

这就是世界最高峰送给勇敢者的日出！

真喜欢这样的晴天。

抓紧时间，跟今天的好天气相伴前行吧！

昆布冰川是探险小队离开大本营，前往1号营地的必经之地，也是登顶路上最危险的关卡之一。

在这里，一切肉眼可见的危险都不是最可怕的，真正恐怖的是无数隐藏在积雪下的冰缝，以及随时可能发生的冰崩！

别担心！有安全绳把我们连在一起，我们每个人都是你的后盾。

我真不该往下看！

梯子这么晃是因为风，还是因为我抖得厉害？

别紧张，千万别紧张……

脚步要稳，不要犹豫，快速通过冰缝！

在冰川上，尤其是在冰裂缝区行进时，为防止队员不慎坠落，造成悲剧，可以用登山绳将大家连接在一起。

● 冰川是一种可以沿地面运动的巨大冰体，拥有仿佛将蓝天封存其中的纯净色彩。这是因为积雪经过反复挤压、融解、冻结，形成的冰川冰十分致密，容易将自然光中的蓝光散射出来，从而使冰川呈现出晶莹剔透的蓝。

新降的雪覆盖在冰川表面，使冰缝变得隐蔽。即便是经验丰富的登山者，也要仔细观察，谨慎选择行进路线。

● 山岳冰川在重力的作用下，会沿着山坡缓慢滑动，这个过程中冰面因受力不均匀形成的裂缝即冰缝。

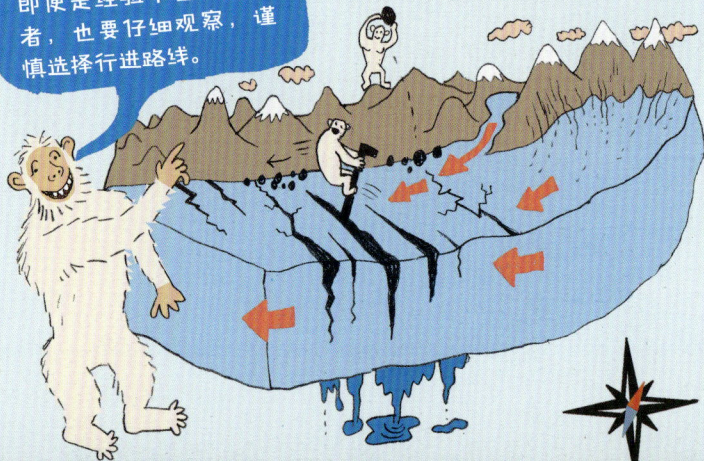

新雪

粒雪

粒状冰

冰川冰

登山绳两头的人用**双八字结**将绳连接在安全带上，中间的人则用**蝴蝶结**连接。

蝴蝶结的打法

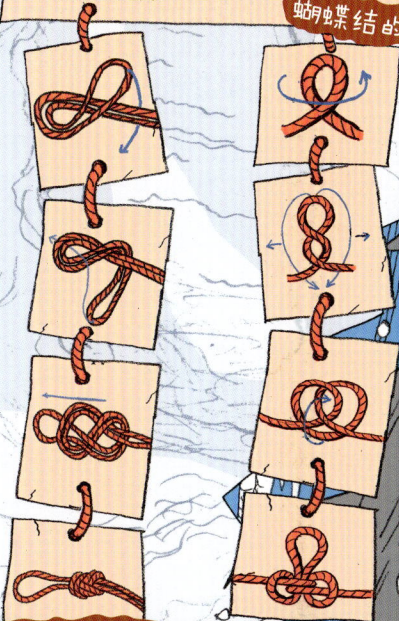

双八字结的打法

轰隆！

尽管他们一再小心，意外还是发生了。作为领队的普巴正在队伍前探路，不料一声巨响，他脚下的冰面忽然崩塌，普巴整个人失去平衡，掉进了冰缝中。跟在普巴身后的杰克来不及反应，也摔倒在地上，情势危急。

啊！

"普巴，杰克！"米娅和汤姆惊呼一声，心头紧绷起来，他们飞速将手里的冰镐插进雪地，用胸部和肩膀用力压住冰镐，及时制住了滑坠的趋势。

翻转身体

不管以什么姿势发生滑坠，都要尽快翻转身体，使面部朝向雪坡，用全身力量将冰镐插入雪中，并用膝盖抵住雪坡，在增加阻力的同时保持身体平衡。

旋转身体

● 喜马拉雅山脉雪峰连绵，形成了众多冰川，其冰川融水补给着长江、黄河、恒河、雅鲁藏布江等多条重要河流。

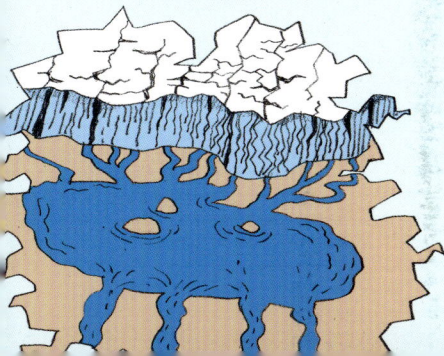

冰爪能帮助登山者在很滑的冰面或雪地上站稳脚跟。

冰镐，镐尖锋利且带有锯齿，既能作为登山手杖，又能用于攀冰、滑坠时自我保护等，是最重要、用途最广的登山装备之一。

幸亏队友们反应迅速！杰克只是受了点儿惊吓，他很快行动起来，和爸爸、姐姐合力将普巴拽了上来。

呼——嘎吱——呼

就在探险小队还无暇顾及周边环境时，一阵怪异的声音在他们耳边响起。

真抱歉，都是我的失误害大家耽搁了这么长时间。现在风势越来越大了，我们得赶在天气变糟前到达营地。

不对劲，我有种不好的预感！这个声音好像不完全是风声。

米娅话音刚落，他们脚下的雪地突然塌陷！小队成员们身体失去平衡，一个接一个地掉进了昏暗的冰缝里。

原来，他们刚刚恰巧站在冰缝之间的雪桥上，经过一上午的日晒，脆弱的雪桥已经无法承受四人的重量！

积雪在强风的吹袭下变得坚硬，可能在冰缝上形成一座雪桥。

庆幸的是，冰缝不算太深，积雪为他们提供了缓冲，所以大家并未因此受伤。

冰缝底部温度极低，尽管穿着厚厚的防寒服，大家仍觉得寒冷彻骨。于是，小队快速制订了自救方案：

由普巴和米娅打头阵，爬出冰缝后找一块稳固的冰面设置滑轮。而汤姆负责照顾杰克，他要确保用绳索把孩子安全送上去后再离开。

至少我们还活着！

这个冰缝刚好能爬上去，我们还有希望！

哪儿哪儿都疼，这下我的骨头彻底散架了。

14

米娅抬头望向上方，两侧冰壁间的距离只能容纳一人通过，没有足够的空间挥动冰镐，于是她决定试试攀岩技巧。

先将冰爪前齿踢入冰面，双腿用力，用下背部抵住背后的冰壁。

伸直较低的那条腿，用力推动身体往上滑动。

抬高较低的那条腿，再次踢入冰面，并重复之前的动作。

再坚持一会儿！前面的冰更坚固，在那儿设置滑轮比较安全。

我感觉风力比刚才更强了！

凭借着毅力，他们竭尽全力爬出了冰缝，又沿着雪坡，顶着风，一下又一下地挥动着冰镐来移动。

我们做到了！

经过不懈努力，杰克和汤姆终于都获救了！对他们而言，此时此刻，洒落在冰川之上的是世界上最和煦的阳光！

顶峰 指南

冒险与悲剧：马特洪峰生死瞬间

位于西欧的马特洪峰主峰海拔4478米，英国登山家爱德华·温伯尔先后攀登了8次，终于在1865年与同伴成功登顶。但在下山时，队伍中的一人不幸滑落，使连接团队成员的保险绳被扯断，最终导致四个成员滚入山崖，全部遇难。

15

咔嚓

砰!

冰塔是在山谷冰川中形成的像塔一样高耸的冰体。在高原强烈的紫外线照射下，冰塔随时可能崩塌。

尽管成功渡过了一道难关，可探险小队已经身心俱疲。冰开裂、崩塌的声音不停从远处的冰塔林传来，每一声声响都提醒着他们，前方的挑战仍然艰巨。紧张与不安的气氛让这条路变得无比漫长……

不会吧？又来！

冷静！我们现在走的是冰川医生维护过的路线，相对安全。

听说珠峰上的遇难者有很多都葬身在昆布冰川，万一……

一定要保持良好心态快速前进，否则情绪会让你筋疲力尽！

每到登山季，刚从严冬中苏醒的昆布冰川总是充满未知。如果没有冰川医生为我们在绝境中重新找出一条"生命线"，我们几乎不可能到得了峰顶。

● 随着春夏季来临，珠峰地区气温升高，冰川融化速度加快。在不同高度的冰面上，风速及太阳的辐射强度不同，使冰川原本有裂缝和凹陷的地方融化得更快，久而久之就形成了一座座高低错落的冰塔。

爸爸，好热呀！

是呀，天气越来越热，连冰川都开裂得更频繁了。

为保障登山者的安全，每年春天，一支由夏尔巴人组成的团队都会深入昆布冰川，在危险的冰缝与冰塔间建造一条安全路线，并负责路线的修整和维护工作。正因如此，人们赞美他们为"冰川医生"。

这是冰川医生提前搭设的梯子，我们抓紧时间爬过这个冰壁。

在彼此的支持与鼓励下，探险小队总算打起了精神，开始全身心地应对脚下的每一步。现在他们已经连续行进了3个小时，成功克服了一个个高难度攀登点。突然，一个小小的蜘蛛引起了他们的注意。

看！这儿有一只跳蛛。

真不敢相信，在海拔这么高的地方竟然还有生命！它是怎么活下来的？

喜马拉雅跳蛛是世界上生存海拔最高的蜘蛛之一，最高曾在珠穆朗玛峰海拔6700米的地方被发现。它们生活在岩石下的缝隙里，通常以被风吹来的小昆虫为食。

它的本领还不小呢。

看样子，跳蛛也是优秀的攀登者！

跳蛛因为擅长蹦跳而得名。从高处降落时，它还会吐出一根"保险丝"来固定身体。

17

昆布冰川干燥、寒冷的空气刺激着每个攀登者的呼吸道，汤姆一家出现了持续咳嗽的情况。

咳咳咳

好在他们终于抵达了1号营地，是时候煮点儿热腾腾的饮品来暖身体了。

快来吃晚餐，再喝杯热茶吧！

经过一天的休整，大家渐渐适应了海拔六千米的环境。他们检查了彼此的身体状况，确认没有异常后，汤姆和普巴决定趁着好天气带领大家继续前进。

穿越西库姆冰斗！

耶！出发去找雪人喽。

西库姆冰斗位于珠峰海拔7800米左右的地方，地形平缓、宽广，是典型的冰蚀地貌。

冰斗形成于雪线附近，即永久积雪区的最低界限，这里频繁的积雪冻融过程会使岩石破碎，形成洼地。

当积雪在洼地中演化成冰川后，冰川的运动又会进一步对山体产生侵蚀作用。

久而久之，洼地逐渐扩大、加深，就形成了三面环山、宛如围椅的冰斗。

形成洼地　　　　　冰川侵蚀　　　　　形成冰斗

赤水丹霞位于中国贵州赤水市，是红色砂岩经长期风化剥离和流水侵蚀形成的大型洞穴。

美国亚利桑那州的羚羊峡谷是山洪冲刷上百年形成的，起伏的岩壁仿佛定格了山洪的波浪。

大自然的侵蚀作用真是奇妙无比。我和安一起看过美丽的赤水丹霞、羚羊峡谷……

却没有机会一起欣赏像西库姆冰斗这样的冰蚀地貌……

想到这里，汤姆感觉鼻子一酸，眼睛湿润起来。泪水的刺激，加上雪地反射出的强烈紫外线，让他的眼睛愈发刺痛。

攀登任何一座雪山，都应该准备一副可以阻挡有害紫外线的雪镜。早年探索珠峰时，人们会用硬纸板和有色塑料制作简单的护目镜。

抱歉，我的眼睛疼得厉害，应该是患上雪盲症了。

不要用手揉眼睛！戴好雪镜，扶着我的肩膀到前面去，我们给你冰敷一下。

雪盲症指紫外线对眼睛造成损伤，引发的眼睑红肿、双眼刺痛、视力下降等症状。高海拔地区强烈的紫外线被雪地反射后很容易灼伤眼睛。

走进自然
动物防晒有妙招儿

肺鱼通常在旱季来临时钻入泥土，将自己包裹在分泌物形成的茧中，以避免被晒干。

河马能够分泌一种类似防晒乳的微红色物质，这让它们的皮肤在阳光下看起来粉粉的。

亚洲象的皮肤对晒伤很敏感，因此它们会用鼻子给身上撒上一层细土来抵御紫外线。

闭上眼睛休息一会儿后，汤姆感觉好多了，于是探险小队再次出发。前方，阳光毫无遮挡地照射在西库姆冰斗漫长而平缓的山坡上，把人们炙烤得口干舌燥。为了遮阳，他们只能暂时脱下外套当作"遮阳伞"，并通过不断喝水来补充水分。

19

到了2号营地，经过短暂休息后，探险小队继续向下一个营地进发。这段路上阳光依旧强烈，山坡却变得陡峭了许多。突然，一阵低沉的轰鸣声惊醒了沉睡的雪山。

雪坡上厚厚的积雪崩落下来，如同一片白色浓雾，吞没了沿途的一切。

他们毫不犹豫地往雪崩边缘拼命奔跑。在一块岩石的掩护下，普巴和杰克逃过一劫，然而米娅和汤姆的情况却不容乐观。

千万别往山下跑！要沿雪崩的垂直方向逃！

我——在——这！

汤姆哪儿去了？我们得快点儿找到他。

我的腿被埋住了，快来搏我一把。

这些现象都可能 引发雪崩

强降雪

地震

强烈的声波

融雪水下渗

雪崩是山地积雪突然大量崩落的现象，具有很强的突发性和破坏性。在大风环境下，雪崩的速度可超过90米/秒，堪比高铁！

● 山坡坡度在30～45度之间容易发生雪崩。在强降雪、地震、强烈声波等因素的影响下，当积雪的摩擦力无法抵消其重力时，积雪就会崩塌或滑落，从而演变成大规模雪崩。

太可怕了，雪崩的气浪居然能把人整个甩出去！幸好我被埋得不深。

在大家解救米娅的同时，被雪掩埋的汤姆也在努力自救。他用尽全力踹开积雪，这让其他人很快发现了他的位置！

爸爸！

汤姆！

埋在雪中，人容易失去方向感。因此可通过让唾液自然流出的方法来判断上下方位，并尽可能伸出手、脚或工具，以告知别人自己的位置。

大家争分夺秒地挖掘积雪，最后汤姆终于被安全救了出来。

被积雪埋得很深时，紧实且沉重的雪层会压得人难以活动。

雪崩裹挟的石块、冰块等坚硬物可能给人带来很大的伤害。

被雪吞没时首先要避免昏迷，可以通过胳膊交叉护住脸部的方式，为自己留出呼吸空间。

雪崩好可怕！在积雪里面我根本没法儿动弹，呼吸也很困难，我以为我要被冻死了！

积雪压迫胸部，容易使人产生窒息感，而恐惧和不慎吸入的雪还可能加速窒息。

寒冷的冰雪环境会使人消耗大量热量，如果得不到及时救援，将会有生命危险。

实在无法逃脱也不要惊慌失措，应尽可能节约体能，等待救援。

随着天气恶化，登顶珠峰似乎变得遥不可及。雪崩又加重了大家的高原反应，他们不得不匆匆回到2号营地接受治疗。

它们会好心告诉你什么时候天气晴朗，什么时候暴雨将至！

卷云和鱼鳞似的卷积云一般出现在5000米以上的高空中。它们都由微小的冰晶组成，很少降雨，冬季可能会降雪。

卷云

卷积云

在营地待得越久，孩子们的心情就越忐忑。这天大家挤在帐篷里，纷乱的思绪让他们难以入眠。

我好想妈妈……

高层云和高积云多出现在2500～3000米之间。它们由微小水滴和冰晶混合组成，所以高层云常有雨、雪产生，不过薄的高积云一般不会下雨。

高层云

高积云

爸爸，能给我们多讲些关于妈妈的事儿吗？

是呀，我也很想了解这位勇敢的女性。

于是汤姆轻轻闭上眼睛说道："安拥有的不仅仅是勇气，她还是我见过最懂得与自然相处的人。每次登山，她都要花很长时间看云，她说，每朵云都有自己的语言……"

雨层云、积雨云等距离地面较近。其中，雨层云由微小水滴组成，常有连续性雨、雪。而积雨云由水滴、冰晶等混合组成，多下雷阵雨。

雨层云

积雨云

"如果今天安也在这儿，她一定不让我们整天缩在帐篷里！别闷闷不乐了，我们也要学会和自然相处。"汤姆二话不说就拽起普巴和孩子们走出帐篷，毕竟在世界之巅玩儿雪的机会可不常有！

哈哈！

耶！

在雪地里玩耍一番，大家都感觉心情舒畅不少，身体也跟着暖了起来。回到帐篷里，汤姆继续给孩子们讲他和安的故事。

有一回，我们遇到了一场猛烈的暴风雪，那天的风势大到能把帐篷吹翻。

天哪，那你们岂不是要被冻僵了？

是的，那天非常冷，天色也越来越暗。

多亏安找到了一个足够厚的雪丘，可以让我们挖出刚好容下两人的雪洞。

那是我们拥有过的最小也最温暖的家，它让我们安全躲过了暴风雪！

空隙中存有空气的积雪能减少热量散失，夯实的雪洞外壁又能御寒保暖。即使外界温度低至零下几十摄氏度，雪洞内部也能基本维持在零摄氏度左右。

热空气上升

冷空气下沉

米娅、杰克，坏天气总会过去，任何困难都不能打败你们的爸爸妈妈！

说不定明天我们就能拨云见日，继续冲项了呢！

第二天清晨，温暖的阳光重新倾洒在珠峰上，这天气居然真被普巴说中了！

冲啊，征服世界最高峰！

不瞒你说，"世界最高峰"我十年前就到过了。

老爸，你说的是冒纳凯阿火山吧。

哈哈，你真会开玩笑。

珠穆朗玛峰

冒纳凯阿火山

海平面

珠穆朗玛峰是地球上最高的山峰吗？如果从海平面开始测量，答案是肯定的。然而，如果将海底的部分计算在内，从太平洋底部耸立起来的冒纳凯阿火山，最大高差超过了一万米，比珠峰的海拔还要高出1000多米。

"哎哟！"刚走出营地没多远，米娅不知被什么东西绊了一跤，仔细一看，原来是个小雪堆。

不摔不知道，这雪堆下面藏着的竟然全是垃圾！

我们应该把这些垃圾捡起来带走。

神圣的雪山不该变成人类的垃圾场。

随着大量游客和登山爱好者涌入珠峰，不计其数的垃圾被丢弃在高山上。这些垃圾在低温下即便堆积多年也难以降解，同时还会污染冰川水源，并对野生动物构成威胁。

食品包装

废弃衣物

登山装备

破损的帐篷

空氧气瓶

人类排泄物

看着被污染的雪地，普巴面色凝重。他告诉大家，多年前他的叔叔一直做着为珠峰清理垃圾的工作，每次下山他都得背上几十斤重的垃圾，非常危险。

那我们更应该努力维护环境，还珠峰一片净土！

多么伟大的工作！

人类活动对珠峰生态的影响还体现在气候变化上。珠峰地区冰川众多，对气温的变化尤其敏感。而人类排放二氧化碳等温室气体导致的全球变暖，已经造成了珠峰冰川的大面积消减。

除了脚印，请什么也不要留下。

全球变暖还会引发这些灾害。

海平面上升

极端干旱

频繁山火

极端天气

为解决珠峰南坡的垃圾污染问题，尼泊尔政府及各国环保志愿者会定期组织清洁队上山清理。但只有游客自觉减少垃圾排放，主动将垃圾带下山才能真正消除这一问题。

收拾完脚下的垃圾，探险小队该出发了。

接下来，他们要挑战的是一条漫长且陡峭的冰壁——洛子冰壁。这途中几乎没有可以休息的地方，对攀登者的攀冰技术和体力都是极致考验。

我们要一鼓作气爬上冰壁。大家检查好装备，跟着我的节奏，小心碎石。

将镐尖打入冰面

抬腿将冰爪前齿踢入冰面

抬另一条腿踢冰

大腿和臀部发力站起

重复之前的动作

坚持攀爬了几个小时，他们成功抵达位于冰壁半坡的3号营地。在这里，所有帐篷都只能固定在45度的斜坡上，相当惊险。

呼——喝完茶我要去找雪人化石！

雪人化石可不好找。但等我们通过"黄带"，你可以留意一下脚边的石头，说不定能找到贝壳化石哟！

老爸，你又在开玩笑了。这可是高出海平面八千米的山峰，怎么可能有贝壳？

汤姆说得没错，有不少人在珠峰上发现过海洋生物化石呢！

在远古时代，喜马拉雅地区曾是一片汪洋，直至6000万年前，印度板块与欧亚板块发生碰撞，海底岩石层皱缩并向上隆起，这才有了喜马拉雅群山，以及分布在高山上的海洋生物化石。

海洋生物的遗体沉到海底后被其他沉积物埋藏，经过漫长的时间才会形成化石。

印度板块

欧亚板块

黄带

与早在上亿年前就完成造山运动的阿巴拉契亚山脉比起来，喜马拉雅山脉还非常年轻，并且直到今天仍在不断长高。因此，地质学家们会定期为珠穆朗玛峰重测"身高"。

珠峰海拔约8200米的地方有一条环绕山腰的浅黄色岩石层，被称作"黄带"。黄带以上，珠峰的岩层主要由沉积岩组成，能较完整地保存古代生物化石。

26

一想到能在峰顶找到化石，米娅和杰克就迫不及待要继续向上攀爬了。

然而，现在海拔高度已经超过7000米，空气极其稀薄，越往上走，缺氧带来的窒息感就越强烈，他们必须背上氧气瓶。

体能更好的普巴毫不犹豫地将自己的氧气瓶给了杰克。但他们还有几小时的路程要走，一直这样下去不是办法。普巴只能反复检查故障的气瓶，希望能有奇迹发生。

尼泊尔传奇登山家安格·丽塔·夏尔巴被人们称作"雪豹"，他曾先后10次不使用辅助氧气登顶珠峰。

爬升到一半，杰克突然焦急地敲击起氧气面罩。糟了！他的供氧设备出了问题。

杰克不太对劲！

快！戴上我的面罩。

那你怎么办？

终于，普巴发现问题出在了气瓶阀门上，去除堵在里面的冰碴儿，他总算能顺畅吸氧了！

我爱氧气！

磕磕绊绊一路，探险小队顺利通过黄带到达4号营地。

米娅和杰克欣喜万分，在遍地碎石里开启了一场找化石大比拼。功夫不负有心人，他们居然真的找到了！

是我先找到的！

明明是我先！

现在他们距离峰顶只有不到1000米的海拔距离，虽然凌晨就要起程，但梦想近在眼前，这给了米娅和杰克用不完的力气！

这段路看起来很近，但实际上……

实际上我们得经过好几种高难度地形，大概还要半天时间。

峰顶的气温已经降到零下30摄氏度，呼啸的大风不断带走大家身上的热量，这样的状况下，米娅居然"热"得想脱掉外套！

米娅，这个时候千万不能脱衣服！你觉得热，那是假象。

低温环境下，风越大，人的体感温度就越低。当体内热量大量损失时，人容易出现"热"的错觉。这时一定要注意保暖，喝一些含糖的热饮来补充能量。

歇一歇，喝点儿热巧克力。

为了避开大风天气，珠峰上的登山者通常选择在凌晨冲顶，在中午之前下撤。

地面升温

空气对流

● 由于高原地区日照强烈，日出后地面受热升温，上下空气对流增强，此时风速会相较于夜间增大。

● 1月，珠峰峰顶区域的平均风速可达35米/秒，为12级风。5月，峰顶天气相对平和时风速约为20米/秒，为8级风。

风力等级特征

0级
1级
2级
3级
4级
5级
6级
7级
8级
9级
10级
11级
12级

随着天色逐渐变亮，杰克感到自己的体力正在下降。他一边努力跟紧普巴的步伐，一边用力呼吸着氧气。突然，他一步没踩稳竟朝一侧的悬崖坠下去。

啊

孩子！

别慌张！保持身体稳定，我们马上把你拉上来！

危急关头，普巴紧紧拽住了杰克的安全绳。绳索被拉紧时发出的嘶鸣声，让所有人的心都跟着震颤。

经过大家协力营救，杰克安全回归队伍。

但此时此刻，每个人体内的能量都在快速消耗，为了节省体力，探险小队决定四个人轮流领队前进。

登山时，领队者往往要比队员耗费更多体力。

开始飘雪了。

杰克，刚刚你可是差一点儿就变成"雪人"了！

如果你感觉糟糕，我们可以现在就下撤。

真正的雪人一定还在峰顶等我呢！我要坚持。

不知不觉间，天空已经变得澄净而蔚蓝，远处的群山间还闪耀着橙红色的光辉。

初升的太阳给了他们莫大的希望与勇气，只要安全通过前方的"希拉里台阶"，探险小队就能成功站在世界之巅！

希拉里台阶是一段通向珠峰峰顶的极窄的山脊。每年春季，尼泊尔的修路队会提前在这段山脊上凿出一条小径，方便登山者行走。

一步步走过冰雪覆盖的山脊，
普巴突然意识到，
脚下已经没有可攀登的路了——
他们做到了！
这就是珠峰之巅，
群山之巅，世界之巅！

突如其来的胜利，让所有人的心中都涌出难以言喻的激动。狂风与泪水，他们都感觉不到了，只剩脚下翻腾的云海还在提醒他们，这是多么不可思议的挑战！

耶——妈妈一定会为我们感到高兴！

汤姆一家终于实现了他们的梦想，可杰克心里还有一个大大的遗憾，他还没见到传说中的神秘雪人呢……

就在这时，爸爸、普巴和米娅突然展开手中的旗帜，上面印着的竟然就是杰克最爱的雪人！

1998年，失去一条腿的汤姆·惠特克成为第一位成功登顶珠峰的残疾人。

2001年，埃里克·维恩迈尔成为世界上首位登顶珠峰的盲人。

2010年，13岁的约旦·罗梅罗成为当时珠峰上最年轻的男性登顶者。

2014年，13岁的普尔纳·马拉瓦特成为当时珠峰上最年轻的女性登顶者。

杰克，不要气馁。这只是我们这次探险旅程的顶峰，不是梦想的顶峰！

不如对着雪山许个愿吧！

海拔8848.86米

孩子们默默闭上双眼，在心底许下了同一个愿望：希望妈妈能够重新站起来，再和我们一起挑战珠穆朗玛峰。

探险小队已经达成了此行的目标，他们的故事就到这儿结束了吗？

回头看来时的漫长路程，寒冷、缺氧、肌肉酸痛……过去这些日子里的千难万险让我们眼前的风景变得更珍贵了。

置身云端的感觉真不错，我都不想走了。

你听过上山容易下山难吗？

● 每年10月，蓑羽鹤总会聚集在一起，沿着神秘古老的迁徙路线，飞越喜马拉雅山脉，前往印度北部过冬，这是一段超过5000千米的漫长旅程。

喜马拉雅山脉就像一道天然屏障，阻隔了大多数迁徙的候鸟。

只有少数鸟类能够飞跃这极限高度，蓑羽鹤和斑头雁是其中的佼佼者。

从峰顶下撤到大本营还要差不多两天时间呢！

低温、缺氧，天气变幻无常，珠峰峰顶堪称"生命禁区"。在这里，多停留一分钟，就多增加一分危险。因此，攀登者到达峰顶后应尽快撤离。

● 斑头雁也是出了名的飞行高手，它们的心脏比普通鸟类的更大，能将氧气更快地泵送至全身，它们还能调节自己的新陈代谢模式来减少能量消耗。

难不成，雪人其实根本不存在？

可是，有人在雪地里见过超级大的脚印。

除了雪人，还有什么动物能有那么大的脚掌呢？

对了，还有人发现过雪人的毛发呢！

下山路上，杰克开启了他的话痨模式。看来，尽管爸爸准备的雪人旗帜成功抚慰了杰克的心灵，但他心里的问号反而越来越多了。

如果不让杰克搞明白雪人的传说究竟是怎么回事，他的自言自语会把所有人的耳朵都磨出茧子！于是，汤姆决定再给大家讲个故事。

我朋友的朋友的远房亲戚说他听过雪人的怒吼声，特别恐怖！

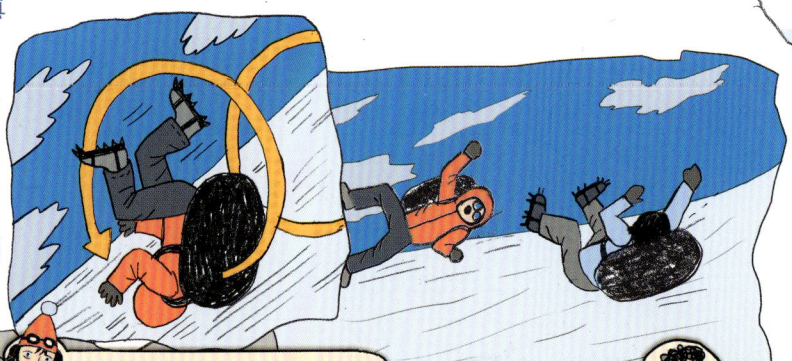

传说德国的布罗肯山上一直有幽灵出没，几年前，我曾经和安一起去那儿探险。你们猜怎么着，在山坡上，我鬼使神差地一回头，居然真在云雾里看见一个巨大的人影！

只有当观察者恰好处于太阳和云雾中间时才能看到这种奇特的"幻影"，有时，影子周围还会出现一圈彩色光晕。

这个故事我听过！爸爸当时可破了胆，还害得妈妈跟他一起从山坡上滚下去。妈妈说，那次她骂了老爸整整一个月呢！

咳咳……总之，后来我们知道了，传说中的"幽灵"其实只是登山者的影子，就这么简单！

汤姆还想讲更多他和安一起探险，一起用科学破除谣言的故事，但杰克的一声尖叫打断了他的回忆。

一头健硕的雪豹突然从岩石后面冲出来，以极快的速度突袭塔尔羊！好在它目标明确，追逐着羊群转眼就跑远了。

雪豹通常生活在海拔2500～5000米的高山地带。它们捕猎时多采用隐蔽接近和快速偷袭的策略，而灰白的毛色有利于它们在岩石间隐藏。

塔尔羊擅长在山地攀爬、跳跃。

关于雪人传说的答案，竟然就在探险小队随身携带的《顶峰指南》里。不过，杰克一点儿也不难过，因为他在里面发现了更多有趣的东西：

沙漠里的撒哈拉之眼。

生长巨型"水晶"的神秘洞穴。

北爱尔兰的巨人之路。

加勒比海岸的巨大蓝洞。

是雪豹！

救命！我们要被吃掉了。

顶峰 指南

雪人大揭秘

DNA检测发现，传说中的雪人毛发很可能来自羚羊、熊等动物。

根据传闻的描述，部分科学家认为人们听到的"雪人吼声"可能来自类人猿。

雪豹行走时，后掌总会压着前掌的脚印。等雪微微融化后，融合在一起的足迹可能被误认成雪人的足迹。

嘿，你们看！《顶峰指南》里说"雪人脚印"可能是雪豹留下的。

现在杰克的心早已经飘下雪山，环游地球好几圈啦！

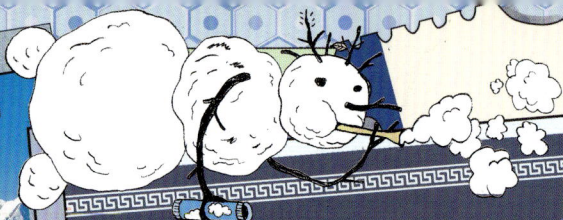

米娅的珠峰北坡登山计划

等过了16岁生日，我要再和爸爸一起挑战珠峰北坡的登山路线！

那我和妈妈就在大本营等你们回来！

早在清朝，康熙皇帝就曾组织对珠穆朗玛峰的勘测活动，不仅将其定名为"朱母郎马阿林"，还在《皇舆全览图》中标出了这座高峰的位置。而"珠穆朗玛"这个名字也早在清乾隆年间就开始使用了。

要从中国西藏自治区境内的北坡攀登珠峰，登山者的年龄必须在16至70周岁之间，且攀登者需具有自主攀登能力，以及攀登海拔8000米以上山峰的经历。

16

米娅的待办清单 ✓

☐ 体验珠峰公路的"108拐"。
☐ 带妈妈去绒布寺看银河。
☐ 希望能见到可爱的藏原羚！

珠峰公路是通往珠峰北坡大本营的唯一一条公路，全程有超过100个弯道，被誉为"通往世界之巅的景观大道"。

珠峰南坡的攀登营地大多是由登山向导所属的公司提前搭建的，有时根据冰川和积雪的情况，营地的位置会有调整。

珠穆朗玛峰自然保护区以珠峰为核心，总面积约3.38万平方千米，是中国的国家级自然保护区，也是世界上海拔最高的保护区之一。这里生活着雪豹、藏原羚、藏雪鸡、绿绒蒿等十分珍贵的物种，生物多样性丰富。

距离大本营仅8千米的绒布寺很适合观赏和拍摄银河。

牦牛的叫声像猪，所以人们还叫它"猪声牛"。但这并不影响牦牛高贵的身份，因为它们是从300万年前就生活在高原之巅的冰河期动物！

绿绒蒿

藏原羚

雪豹

雪豹的种群数量增加标志着高海拔生态系统的健康哟！

藏雪鸡

北坡的3大攀登难点

- 近乎垂直且高度达几百米的北坳冰壁。
- 风速最大可达12级的大风口路段。
- 通往峰顶的第二台阶，岩壁坡度超过80度。

中国珠峰科考队已经在北坡建成7套自动气象观测站，可以精准监测珠峰北坡的气温、风速、风向等气象数据。

气象探空气球

珠峰北坡登顶路线

峰顶
第二台阶
三号营地
二号营地
大风口
一号营地
北坳冰壁
前进营地
中间营地
北坡大本营

在2020年的珠峰高程测量活动中，中国登山队沿这一路线将测量设备架设到峰顶，并创纪录地停留了150分钟。

根据当地体育局的要求，前往北坡峰顶的登山者，每人要携带8千克垃圾下山。

写给 同样勇敢的你

你好！我是米娅和杰克的妈妈，安。在我和你一样年轻时，未知、挑战和人迹罕至的高山就一直引领着我前进。所以，当我得知米娅和杰克成功登顶并安全返回大本营时，我感受到了他们身上闪耀的勇气，也明白了，我可以和我的孩子们一样，继续追逐人生的无限可能。尽管命运和我开了一个大大的玩笑，但别担心，我这被高山锤炼过的身体没那么容易被打败！

宋代文学家王安石说过："而世之奇伟、瑰怪，非常之观，常在于险远，而人之所罕至焉，故非有志者不能至也。"我想这句话就是珠峰的魅力所在。攀登高山的意义，在于挑战自己的极限，在于深入大自然，用身体去体会峰顶的非常之观。而跑步、攀岩、学习登山知识……让自己行动起来就是实现梦想最好的办法。希望勇敢的你也能登上属于你的那座高山！

安

图书在版编目（CIP）数据

环球探险记. 冲顶珠峰 / 日知图书编著. — 长春:
北方妇女儿童出版社, 2024.1
ISBN 978-7-5585-7955-4

Ⅰ.①环… Ⅱ.①日… Ⅲ.①珠穆朗玛峰－探险－儿
童读物 Ⅳ.①N8-49

中国国家版本馆CIP数据核字(2023)第222724号

环球探险记
冲顶珠峰

HUANQIU TANXIAN JI　CHONGDING ZHUFENG

出 版 人	师晓晖
策 划 人	师晓晖
责任编辑	王丹丹
整体制作	北京日知图书有限公司
开 本	640mm×1010mm 1/12
印 张	3
字 数	50千字
版 次	2024年1月第1版
印 次	2024年1月第1次印刷
印 刷	鸿博睿特（天津）印刷科技有限公司
出 版	北方妇女儿童出版社
发 行	北方妇女儿童出版社
地 址	长春市福祉大路5788号
电 话	总编办：0431-81629600
	发行科：0431-81629633

定　　价　24.60元